Manuel Weiss

Optimierung des Thermobondingverfahrens für mikrostrukturierte Polymersubstrate durch Vorbehandlungsmethoden

GRIN Verlag

Bibliografische Information der Deutschen Nationalbibliothek:

Die Deutsche Bibliothek verzeichnet diese Publikation in der Deutschen Nationalbibliografie; detaillierte bibliografische Daten sind im Internet über http://dnb.d-nb.de/ abrufbar.

Impressum:

Druck und Bindung: Books on Demand GmbH, Norderstedt Germany
ISBN: 978 3 656 53794 6

Dieses Buch bei GRIN:

http://www.grin.com/de/e-book/263607/optimierung-des-thermobondingverfahrens-fuer-mikrostrukturierte-polymersubstrate

Fachhochschule Wiener Neustadt
> Technische Studiengänge

2. Bachelorarbeit

Optimierung des Thermobondingverfahrens für mikrostrukturierte Polymersubstrate durch Vorbehandlungsmethoden

FH-Bachelorstudiengang Mechatronik/Mikrosystemtechnik

Vertiefung Mechatronik – Autonomes Fahrzeug

Name: Manuel Weiss

Datum: 01.06.2009

Dank

Ich möchte mich an dieser Stelle bei allen Personen bedanken, die mich bei der Erstellung dieser Bachelorarbeit in der MPD-Entwicklungsabteilung der Firma Sony DADC Austria AG unterstützt haben.

Besonderer Dank gilt folgenden Personen:

- Meinen Eltern, die mich fortwährend motivierten und mich in allen nur erdenklichen Belangen unterstützen

- Meinem Bachelorarbeitsbetreuer seitens der FH Wiener Neustadt, Herrn Dr. Humbert Noll, für seine kompetente und motivierende Betreuung

- Meinem Betreuer seitens der Firma Sony DADC, Hans-Peter Niederberger, sowie MPD-Engineer Dario Borovic, mit dem ich eng zusammen arbeitete, für ihre Betreuung und Unterstützung

- Allen Mitarbeitern der MPD-Entwicklungsabteilung für ihre Hilfsbereitschaft und Unterstützung

Kurzzusammenfassung:

Diese Bachelorarbeit beschäftigt sich mit der Weiterentwicklung des Thermobondings, einem Verfahren zum Zusammenbau mikrofluidischer Analysesysteme aus Kunststoff. Mit solchen sogenannten Lab-on-a-Chip-Systemen können medizinische und chemische Analysen auf kleinstem Raum durchgeführt werden. Das Thermobonding soll durch Vorbehandlung der Polymerbauteile optimiert werden. Ein Ziel der Arbeit ist die Ermittlung einer geeigneten Vorbehandlungsmethode. Zum besseren Verständnis der Thematik wurden in der Arbeit grundlegende Aspekte der Mikrofluidik und der Wärmeleitung behandelt. Der Aufbau und die Eigenschaften von Polymeren wird beschrieben. Anschließend folgt ein Überblick über verschiedene Bondingtechnologien, mit dem Hauptfokus auf das Thermobonding. Für das Thermobonding werden drei Vorbehandlungsmethoden diskutiert. Es folgt die Inbetriebnahme einer Bondingpresse, deren Funktionalität überprüft und optimiert wird. Anschließend werden die diskutieren Thermobonding-Vorbehandlungsmethoden getestet und evaluiert. Durch die Testergebnisse konnte eine geeignete Vorbehandlungsmethode, die Sauerstoff-Plasmaaktivierung, für die Weiterentwicklung des Thermobondings ermittelt werden.

Schlagwörter: Thermobonding, Lab-on-a-Chip, Sauerstoff-Plasma, Mikrofluidik, Polymere

Abstract:

This bachelor paper deals with the improvement of a process to assemble microfluidic analysis systems made of plastics. These so-called Lab-on-a-Chip systems enable medical and chemical analyses on a miniature scale. Optimizing the Thermobonding process will be attempted by pretreating the polymer substrates. Finding a suitable method for pretreatment is one goal of this paper. Basics of microfluidics and heat transfer are explained for a better understanding of the issue. Polymers and their characteristics are described. Next, the paper gives an overview of various bonding technologies with an extra focus on Thermobonding. Three pretreatment procedures for Thermobonding are discussed. A bonding press is implemented and its functionality is checked and optimized. The discussed pretreatment methods are tested and evaluated. Based on the test results a suitable pretreatment technique – oxygen plasma activation – for further development of the Thermobonding process is determined.

Keywords: Thermobonding, Lab-on-a-chip, Oxygen Plasma, Microfluidics, Polymers

Inhaltsverzeichnis

1. Einleitung

In den letzten Jahrzehnten ist unsere technologische Entwicklung so schnell wie noch nie zuvor voran geschritten. Manchmal ist es schwer vorstellbar, dass Laptops, Kamerahandys und elektronische Einparkhilfen vor zwei Jahrzehnten noch gar nicht existierten. Ein Hauptfaktor für diesen Technologieboom ist die Mikroelektronik. Die Gründe für den Erfolg der Mikroelektronik sind zum ersten die Miniaturisierung von Bauteilen und zum zweiten die funktionale Integration, also der Zusammenschluss von vielen elektronischen Minikomponenten in integrierte Schaltkreise, die komplexe Funktionen bewältigen können. Diese zwei Strategien wurden in vielen anderen wissenschaftlichen Disziplinen, zum Beispiel in der Mechanik, Optik und Chemie, erfolgreich angewandt.

Im Jahre 1979 wurde zum ersten Mal eine Technologie für miniaturisierte chemische Analysen veröffentlicht. Die Vorstellung eines Konzepts für sogenannte Mikro-Totalanalysesysteme 1990 erzeugte rapide wachsendes Interesse an der Mikrofluidik. Mit fortschreitenden Entwicklungen in der Medizin, Drogentesttechnologie oder Biotechnologie sind chemische Analysen immer mehr gefragt. Traditionell werden solche Analysen in chemischen Labors durchgeführt, weil geschultes Personal und spezielle Ausrüstung nötig ist. Der Trend geht jedoch dahin, die chemische Analyse näher zum Kunden zu bewegen. Idealerweise ist ein Mikro-Totalanalysesystem oder Lab-on-a-Chip eine Black Box, wo der Benutzer nur einen Knopf drücken muss, um einen Analyse durchzuführen. Lab-on-a-Chips sind tragbar, einfach zu bedienen und bringen verlässliche und reproduzierbare Ergebnisse, weil das System in Massenproduktion hergestellt wird. Die Tatsache, dass nur kleine Mengen an Proben und Reagenten verwendet werden, bringt eine enorme Kostenersparnis mit sich [1].

Traditionell werden in der Herstellung von Mikrofluidikanwendungen die Materialien Silizium und Glas verwendet, weil mit diesen Materialien erstens viel Erfahrungswissen in der Mikrosystemtechnik gemacht wurde, zweitens können bestehende Fertigungsverfahren aus der Halbleiterindustrie übernommen werden. Es entstand das Bestreben, Silizium und Glas durch Polymere zu ersetzen. Polymere sind kostengünstig und erleichtern somit die Massenproduktion für Einweg-Analysesysteme, sie sind biochemisch verträglich, außerdem existieren bereits viele verschiedene Kunststoffe mit ideal modifizierten Eigenschaften für den jeweiligen Anwendungsfall.

1.1. Aufgabenstellung

Die Firma Sony DADC Austria AG beschäftigt eine Entwicklungsabteilung für mikrostrukturierte Polymer-Anwendungen. Hier wird unter anderem daran gearbeitet, ein optimales Verfahren zum Verbinden von mikrostrukturierten Kunststoffplättchen zu entwickeln. Im Rahmen dieser Arbeit werden verschiedene Fügemethoden für Polymersubstrate erläutert. Der Fokus liegt im Verfahren des Thermobonding. Diese Arbeit stellt unter anderem eine Vorselektion von Methoden zum Vorbehandeln der Polymerbauteile dar.

Das Ziel der vorliegenden Arbeit ist es, das Thermobondingverfahren mithilfe von Vorbehandlungsmethoden zu optimieren. Es soll eine starke Verbindung bei minimaler Verformung der Substratgeometrien erreicht werden. Besonderes Augenmerk wird auf die Senkung der Prozesstemperatur gelegt.

Es werden verschiedene Vorbehandlungsmethoden für die Kunststoffsubstrate beim Thermobonding diskutiert. Anschließend werden die Methoden einer experimentellen Prüfung unterzogen. Ein zweites Ziel dieser Bachelorarbeit ist daher, mindestens eine Vorbehandlungsmethode für weitere, genauere Testreihen empfehlen zu können.

2. Theoretische Grundlagen

2.1. Fluide[1]

Unter einem Fluid versteht man einen flüssigen oder gasförmigen Stoff. Fluide setzen äußeren Druck- und Schubkräften im Gegensatz zu Festkörpern wenig Widerstand entgegen. Die Unterscheidung von Flüssigkeiten und Gasen kann durch Beobachtung des Verhaltens ihres Volumens getroffen werden: Flüssigkeiten sind näherungsweise inkompressibel, d.h. ihre Dichte bleibt unabhängig von Druck und Temperatur konstant. Die Flüssigkeit kann eine beliebige Form annehmen, während ihr Volumen unverändert bleibt. Gase können abhängig von Druck und Temperatur jedes Volumen bei beliebiger Form annehmen.

Die Inkompressibilität von Flüssigkeiten ist insofern eine Näherung, da bei der Einwirkung von hohem Druck doch eine Kompression zu beobachten ist. Im Anwen-

1 Als Grundlage für die Abschnitte 2.1 - 2.6 diente [2]

dungsbereich der Mikrofluidik wirken jedoch vergleichsweise geringe Drücke auf Strömungen, deren Dichte demnach als konstant angesehen werden kann.

2.2. Viskosität

Soll ein Fluid durch einen Kanal bewegt werden, ist eine Kraft nötig, welche der inneren Reibung des Fluids entgegenwirkt. Wie stark diese innere Reibung ist, hängt unter anderem von der Zähflüssigkeit (Viskosität) des Fluids ab. Die Viskosität ist also ein Maß für den inneren Widerstand gegen eine Kraft, die während des Fließens wirkt. Es werden zwei Begriffe der Viskosität unterschieden:

Dynamische Viskosität η

Kinematische Viskosität ν

2.2.1 Viskosität Newtonscher Fluide

Laut Newton besteht ein linearer Zusammenhang zwischen der Schubspannung τ und der Schergeschwindigkeitsänderung *du* abhängig vom Weg *dy*.

$$\tau = \eta \cdot \frac{du}{dy}$$

Fluide, die sich so beschreiben lassen, sind zum Beispiel Wasser, Benzine, Alkohole und viele Öle. Diese Gleichung lässt sich wie folgt herleiten:

Es sei ein homogenes Fluid zwischen zwei parallelen Platten mit der Fläche A im Abstand y. Eine Kraft $\vec{F}$ bewegt die obere Platte mit der Geschwindigkeit u. Die untere Platte ist fixiert. In der Folge kommt ein linearer Geschwindigkeitsverlauf über y zustande, den wir als $u(y)$ bezeichnen. Die Kraft $\vec{F}$ ist direkt proportional zur Geschwindigkeit u sowie zur Querschnittsfläche A und indirekt proportional zum Abstand y:

$$\vec{F} \propto A \cdot \frac{u}{y}$$

Wir ersetzen die Kraft $\vec{F}$ mit dem Produkt der Schubspannung τ und der Fläche A. Eine neue Konstante, die wir dynamische Viskosität η nennen, dient als Verhältnisfaktor:

$$\vec{F} = \tau \cdot A = \eta \cdot A \cdot \frac{du}{dy}$$

$$\tau = \eta \cdot \frac{du}{dy}$$

Die kinematische Viskosität ν setzt die dynamische Viskosität η zur Dichte ρ in Verhältnis:

$$\nu = \frac{\eta}{\rho}$$

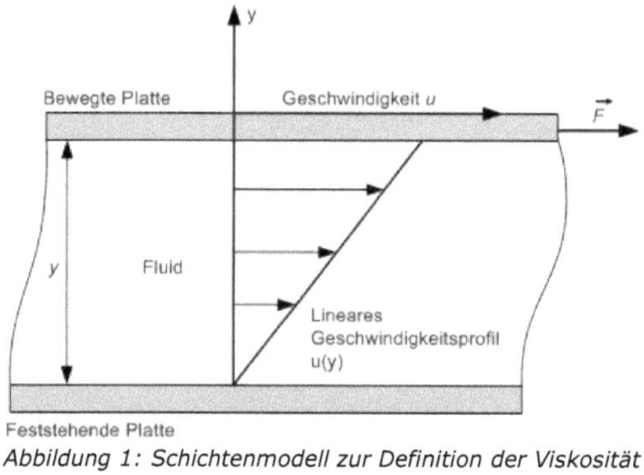

Abbildung 1: Schichtenmodell zur Definition der Viskosität

2.2.2. Viskosität nicht Newtonscher Fluide

Verändert sich die Viskosität eines Fluids, wenn sich die einwirkenden Schubkräfte ändern, so kann dieses Fluid nicht durch das lineare Newtonsche Fluidgesetz modelliert werden. Ein solches sprunghaftes, unproportionales Fließverhalten wird als *anomalviskos* bezeichnet. Stoffe wie Teig, Glycerin oder Polymerschmelzen sind Beispiele für nicht Newtonsche Fluide. Das Fließgesetz lässt sich folgendermaßen formulieren. Zur Vereinfachung wird die Schergeschwindigkeit *du/dy* durch die Variable $\dot{\gamma}$ ersetzt.

$$\tau = \eta(\dot{\gamma}) \cdot \dot{\gamma}$$

2.3. Reynoldszahl

In der Strömungslehre ist diese Zahl ein dimensionsloser Kennwert, der Aussagen über das Strömungsverhalten eines Fluids ermöglicht. Die Reynoldszahl gibt das Verhältnis der an den Strömungsteilchen angreifenden Trägheitskräften zu den Zähigkeitskräften an. Zwei Rohrströmungen sind ähnlich, wenn das Verhältnis dieser Kräfte gleich bleibt.

$$\frac{F_{Z1}}{F_{Z2}} = \frac{F_{T1}}{F_{T2}}$$

Die Zähigkeits- oder Reibungskräfte F_Z stellen wir folgendermaßen auf:

$$F_R = A \cdot \tau = A \cdot \eta \cdot \frac{du}{dy} \sim D \cdot \eta \cdot u$$

Mithilfe des Newtonschen Grundgesetzes der Mechanik können wir die Trägheitskräfte F_T formulieren:

$$F_T = m \cdot a = \rho \cdot V \cdot a \sim \rho \cdot D^3 \cdot a$$

Man erhält schließlich einen Zusammenhang, der als Reynoldsches Ähnlichkeitsgesetz bezeichnet wird:

$$\frac{D_1 \cdot u_1}{\nu_1} = \frac{D_2 \cdot u_2}{\nu_2}$$

Die beiden Gleichungsseiten entsprechen den Reynoldszahlen der zwei verglichenen Fluide, also ist die Reynoldszahl wie folgt definiert:

$$\mathrm{Re} = \frac{D \cdot u}{\nu} = \frac{D \cdot u \cdot \rho}{\eta}$$

D ... Kanaldurchmesser

u ... Strömungsgeschwindigkeit

v ... kinematische Viskosität

ρ ... Dichte des Fluids

η ... dynamische Viskosität

2.3.1. Strömungsformen

Es werden zwei Strömungsformen unterschieden; die *laminare* (Schichtströmung) sowie die *turbulente* Strömung, auch Wirbelströmung genannt. Die Grenze zwischen diesen Strömungsformen kann mittels der sogenannten kritischen Reynoldszahl Re_{krit} gezogen werden, welche empirisch ermittelt werden muss. Re_{krit} liegt bei Strömungen in geraden Rohren mit kreisförmigem Durchmesser bei ca. 2300. Unter diesem Wert kann die Strömung als laminar angenommen werden, darüber verhält sich das Fluid turbulent.

Bei typischen mikrofluidischen Anwendungsfällen mit Strömungsgeschwindigkeiten von 1 µm/s bis etwa 0,5 m/s, einem Kanaldurchmesser von 1 bis 300 µm und Fluiden, die sich meist wasserähnlich verhalten, errechnet sich eine Reynoldszahl von 10^{-5} bis 10^{2}. Also sind die betreffenden Strömungen laminar. Die Fluidteilchen bewegen sich in parallelen Bahnen. Lässt man zwei unterschiedliche Fluide nebeneinander fließen, erfolgt keine Vermischung dieser Flüssigkeiten.

2.4. Newtonsches laminares Strömungsprofil

Zur Beobachtung des Strömungsprofils in einem Mikrokanal nehmen wir die Temperatur sowie den Druck über den Kanalquerschnitt als konstant an. Die Flüssigkeit wird als laminar angenommen und strömt durch ein Rohr mit kreisrundem Querschnitt. Wir betrachten ein infinitesimal kleines zylinderförmiges Fluidteilchen mit dem Radius *r* und der Länge *dl*. Es wird ein Kräftegleichgewicht in Richtung der Strömung angesetzt, welches die Druckkräfte den Reibungskräften gleichsetzt.

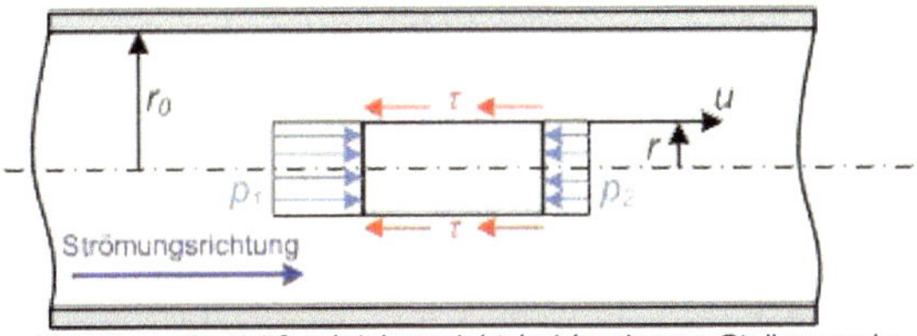

Abbildung 2: Kräftegleichgewicht bei laminarer Strömung in einem Rohr mit kreisrundem Querschnitt

Um die resultierende Druckkraft zu bestimmen, summieren wir alle Druckkräfte auf der Grund- und Deckfläche des Zylinders.

$$F_p = F_{p1} - F_{p2} = r^2 \cdot \pi \cdot (p_1 - p_2) = r^2 \cdot \pi \cdot dp$$

Um die resultierende Reibungskraft auszudrücken, multiplizieren wir die Schubspannung τ, die am Zylindermantel entgegen der Bewegungsrichtung angreift, mit der Mantelfläche.

$$F_r = \tau \cdot 2 \cdot \pi \cdot r \cdot dl$$

Setzt man für τ die Definitionsgleichung für die Schubspannung ein, erhält man:

$$F_r = -2 \cdot \pi \cdot r \cdot dl \cdot \eta \cdot \frac{du}{dr}$$

Der Geschwindigkeitsgradient wird hier mit einem negativen Vorzeichen versehen, denn mit zunehmendem Radius nimmt die Geschwindigkeit ab.

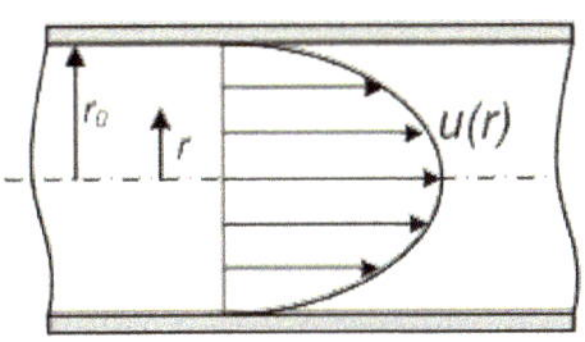

Abbildung 3: Strömungsprofil in einem Rohr mit kreisrundem Querschnitt

Wir setzen die Reibungskräfte den Druckkräften gleich und lösen nach dem Geschwindigkeitsgradienten auf.

$$r^2 \cdot \pi \cdot dp = -2 \cdot \pi \cdot r \cdot dl \cdot \eta \cdot \frac{du}{dr}$$

$$\frac{du}{dr} = \frac{-1}{2 \cdot \eta} \cdot \frac{dp}{dl} \cdot r$$

Durch Integration erhält man den Ausdruck des Geschwindigkeitsprofils *u(r)*:

$$u = -\frac{1}{2 \cdot \eta} \cdot \frac{dp}{dl} \cdot \frac{r^2}{2} + C$$

Durch Einsetzen der Randbedingungen *u=0* sowie $r = r_0$ errechnet sich die Integrationskonstante.

$$C = -\frac{1}{2 \cdot \eta} \cdot \frac{dp}{dl} \cdot \frac{r_0^2}{2}$$

Es ergibt sich schließlich ein parabolisches Geschwindigkeitsprofil, welches man in der Literatur als *Stokesches Gesetz* findet.

$$u = -\frac{1}{4 \cdot \eta} \cdot \frac{dp}{dl} \cdot (r_0^2 - r^2)$$

2.4.1. Kontinuitätsgleichung

Der Volumenstrom $\dot{V}$ gibt das Volumen an, das in einer gewissen Zeit durch einen Kanalquerschnitt fließt. Dies gilt bei laminaren Strömungen Newtonscher Fluide. $\dot{V}$ bleibt bei inkompressibler und zeitlich unveränderter Strömung konstant und ist das Produkt der Kanalquerschnittsfläche *A* und der mittleren Strömungsgeschwindigkeit $\bar{u}$.

$$\dot{V} = A \cdot \bar{u} = A_1 \cdot \bar{u}_1 = A_2 \cdot \bar{u}_2 = konst.$$

Wird die Querschnittsfläche größer, so sinkt die Strömungsgeschwindigkeit und umgekehrt.

Zur Veranschaulichung sei dieses Prinzip in folgender Abbildung dargestellt. Innerhalb einer Zeit Δt fließt ein Volumen ΔV in die linke Kanalseite ein. Aufgrund der Inkompressibilität des Fluids muss auf der rechten Seite des Kanals im selben Zeitabschnitt Δt das selbe Volumen ΔV ausströmen.

Abbildung 4: Kontinuitätsgleichung

Bei vielen Anwendungen in der Mikrofluidik sind mehrere Kanäle miteinander verbunden. Die Kontinuitätsgleichung kann hier in folgender Form verwendet werden:

$$\sum \dot{V}_{i,zu} = \sum \dot{V}_{i,ab} = \dot{V}_{ges}$$

2.5. Adhäsion und Kohäsion

Die Adhäsion beschreibt die Anziehungskräfte an der Berührungsoberfläche zwischen den Molekülen zweier unterschiedlicher Materialien. Nach diesem Prinzip funktionieren Klebstoffe. Aufgrund der Vielzahl von Faktoren, die bei der Adhäsion zusammenwirken, gibt es einige Theorien, um die Gesetzmäßigkeiten zu erklären. Es können jedoch grundsätzlich zwei Arten von Adhäsion unterschieden werden:

Von der *mechanischen Adhäsion* spricht man bei formschlüssiger Verklammerung des Klebstoffs in den Materialvertiefungen und -strukturen. Dieser Effekt tritt nur an rauen Oberflächen auf. Die mechanische Adhäsion trägt relativ wenig zur Verbindungskraft bei.

Unter der *spezifischen Adhäsion* versteht man die Haftung aufgrund physikalischer und chemischer Valenzkraft-Wechselwirkungen. Sie ist hauptsächlich verantwortlich für die Haftkraft von Verbindungen. Die spezifische Adhäsion wirkt in einem Bereich von 0,2 bis 1 Nanometer. Die Wechselwirkungskräfte beruhen auf Dipol-, Induktions- und Dispersionskräften sowie Wasserstoffbrückenverbindungen.

Bei der *Kohäsion* handelt es sich um Kräfte zwischen und innerhalb von Molekülen eines Stoffes. Man versteht darunter die innere Festigkeit eines Stoffes, die den Stoff selbst zusammenhält. Verantwortlich für diesen Effekt sind ebenfalls Valenzkräfte in Atom-, Metall- oder Ionenbindungen. Die Kohäsion ist die Ursache für die Zerreißfestigkeit bei Festkörpern und für Oberflächenspannung und Zähflüssigkeit bei Flüssigkeiten.

Bei Kunststoffen hat die mechanische Verhakung der Polymerkettenmoleküle einen zusätzlichen Effekt auf die Kohäsion [3].

2.5.1. Die Diffusionstheorie bei Polymeren

Durch Brownsche Bewegung findet an der Fügefläche zweier Polymere eine Diffusion oder Wanderung von Molekülen, Kettenteilen und vollständigen Molekülketten in beide Richtungen statt. Dies kann innerhalb eines Polymers (Autohäsion) oder zwischen verschiedenen Polymeren (Heterohäsion) geschehen.

Der Bereich der Diffusion wird Grenzflächenschicht genannt. Die Stärke der Autohäsion wird durch die Anzahl diffundierter Moleküle pro Volumeneinheit bestimmt. Die Beweglichkeit der Moleküle ist unter anderem abhängig von der Molmasse, der Oberfläche und der Lage der Erweichungstemperatur (siehe Kapitel 2.6. Polymere).

Weiters bildet sich eine stärkere Verbindung zwischen Kunststoffteilen durch längere Berührungszeit, höhere Verbindungstemperatur, höheren Verbindungsdruck, höhere Polymerkettenflexibilität sowie niedrigeren Vernetzungsgrad des Polymers [4].

2.6. Polymere

Ein Polymer ist eine chemische Verbindung aus verschlauften oder verzweigten Kettenmolekülen. Diese Kettenmoleküle sind aus mehreren gleichen Bausteinen aufgebaut, den Monomeren. Künstlich hergestellte Polymere auf Kohlenstoffbasis sind Thermoplaste, Duroplaste und Elastomere. In der Natur existieren ebenfalls Polymere, zum Beispiel Proteine, DNA, RNA oder Kohlenhydrate.

In unserem mikrofluidischen Anwendungszweck werden aufgrund der gewünschten Eigenschaften nur Thermoplaste verwendet. Thermoplaste sind bei Raumtemperatur fest und werden bei Erwärmung elastisch verformbar. Die Eigenschaften des Materials bei normaler Einsatztemperatur werden durch Erwärmung nicht verändert. Die Temperatur, bei der ein Thermoplast vom festen in den thermoelastischen Zustand übergeht, wird *Glasübergangstemperatur* T_G genannt. T_G kennzeichnet den Beginn des Temperaturbereichs, wo die zwischenmolekularen Kräfte so gering werden, dass sich Polymerketten verschieben lassen. Erwärmt man ein Thermoplast weiter, geht es in den thermoplastischen Zustand (Schmelze) über. Dies beginnt ab der *Fließtemperatur* T_F. Bei weiterer Erhöhung der Temperatur verändert sich die chemische Struktur des Thermoplasts durch Zersetzung bei der Zersetzungstemperatur T_Z. Das Wärmeverhalten von Thermoplasten kann folgender Abbildung entnommen werden, welche die Zugfestigkeit und Dehnung bei Höchstkraft abhängig von der Temperatur illustriert [5].

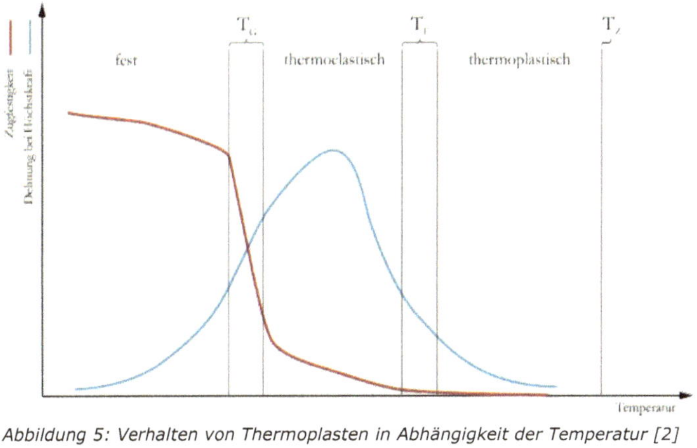

Abbildung 5: Verhalten von Thermoplasten in Abhängigkeit der Temperatur [2]

2.6.1. Polycarbonat (PC)

Polycarbonat ist ein synthetischer Kunststoff aus der Gruppe der Polyester. Es ist unter anderem sehr transparent, besitzt eine hohe innere Festigkeit und Schlagzähigkeit und ist gut verarbeitbar. Diese Eigenschaften und die gute biologische Verträglichkeit sind gute Voraussetzungen für Anwendungen im Lab-on-a-Chip-Bereich.

Aus Polycarbonat werden z.B. CDs und DVDs, optische Linsen, Autoscheiben, Verpackungen und Flaschen hergestellt.

2.6.2. Cyclo-Olefin-Copolymer (COC)

Cyclo-Olefin-Copolymer ist ein technischer, thermoplastischer amorpher Kunststoff. Der molekulare Aufbau unterscheidet sich insofern von anderen Polymeren, da ein Copolymer aus zwei verschiedenen Monomer-Arten besteht. Durch das Mischverhältnis der zwei Monomerbausteine können die physikalischen Eigenschaften von COC modifiziert werden. Cyclo-Olefin-Copolymer zeichnet sich durch hohe Transparenz, gute biologische Verträglichkeit und hohe Beständigkeit gegenüber Säuren, Basen und Lösungsmitteln aus. Wegen seiner äußerst geringen Durchlässigkeit gegenüber Wasser ist COC für die Medizintechnik und -diagnostik sehr gut geeignet.

2.6.3. Polymethylmethacrylat (PMMA)

PMMA wird umgangssprachlich als Plexiglas® oder Acrylglas bezeichnet und ist ein Thermoplast mit glasähnlichen Eigenschaften. PMMA ist sehr durchlässig für Strahlen im sichtbaren Bereich des Spektrums. Dies macht es für optische Analysen bei Mikrofluidikanwendungen geeignet. Einsatz findet PMMA im optischen Bereich als Material für Linsen, Brillengläser oder Lichtleiter. PMMA wird auch in der Zahnmedizin für Prothesen oder im Bauwesen zur Herstellung von Polymerbeton und Verglasungen verwendet.

2.7. Bonding von Kunststoffen

Mikrokanäle auf Polymerträgern werden durch Verfahren wie Hot Embossing, Spritzgießen oder Laserablation hergestellt. Diese Kanäle befinden sich an der Substratoberfläche und sind daher oben offen. Um ein mikrofluidisches Kanalsystem zu verschließen, muss auf das strukturierte Substrat ein Deckel aufgebracht werden. Dieser Fügeprozess wird Bonding genannt.

Folgende Anforderungen sollen erfüllt werden:

- Hohe Bondingkraft
- Keine Deformation der Mikrostrukturen

- Dichtheit der Kanäle
- Niedrige Zykluszeit

Es existieren in Literatur und Praxis einige Methoden, um Polymerbauteile miteinander zu verbinden. Im Folgenden werden jene Verfahren beschrieben, die in der MPD-Entwicklungsabteilung für Evaluierungstests ausgewählt wurden. Der theoretische und praktische Schwerpunkt dieser Arbeit liegt in der Behandlung des Thermobonding.

2.7.1. Thermobonding

Beim Thermobonding wird die Verbindung folgendermaßen erzielt: Die Substrate werden bis nahe an die Glasübergangstemperatur oder darüber erhitzt und mit Normaldruck auf die Bondingebene zusammengepresst. Dies bewirkt, dass Polymerketten zwischen den sich berührenden Oberflächen diffundieren. Deckel und Substrat sollen aus dem selben Material bestehen, da sich sonst keine Bindekräfte zwischen den Teilchen ausbilden [6].

Der akzeptable Temperatur-Arbeitsbereich für ein zufriedenstellendes Bondingergebnis kann sehr klein sein: Ist die Temperatur um nur ein Grad zu niedrig, kann die Verbindung schon nicht mehr ausreichend dicht sein. Dem gegenüber können die Mikrokanäle bei einer um ein Grad zu hoher Temperatur schon zu stark verformt werden. Aufgrund dieser Empfindlichkeit gilt es, die Parameter für die Bondingzeit, den Druck sowie die Temperatur hinsichtlich einer starken Verbindung und minimaler Geometriedeformation optimal zu ermitteln.

Die Vorteile des Thermobonding liegen im einfachen Verfahrensablauf, hoher Bondingstärke und Dichtheit, den technisch gut regelbaren Parametern und der Tatsache, dass nur ein Werkstoff im Verfahren verwendet wird.

Nachteilig sind die leichte Deformierbarkeit der Mikrokanäle aufgrund der starken Erhitzung des Werkstoffs und die lange Zykluszeit von mehreren Minuten.

Um den Verformungen der Mikrostrukturen entgegen zu wirken, müsste die Bondingtemperatur also gesenkt werden, ohne die Verbindungsstärke und -qualität zu beeinträchtigen. Die Bindungskraft eines Polymeres ist zum großen Teil von dessen Oberflächeneigenschaften abhängig. Durch Modifikation der Oberfläche kann die

Reaktionsfreudigkeit gesteigert werden. Im Folgenden werden drei Vorbehandlungsmethoden beschrieben.

2.7.1.1. Plasma-Vorbehandlung

Unter dem Begriff Plasma versteht man ein teilweise oder ganz ionisiertes Gas. Wird einer Materie kontinuierlich Energie hinzugefügt, so erhöht sich ihre Temperatur. Die Materie geht vom festen über den flüssigen in den gasförmigen Aggregatzustand über. Bei weiterer Energiezufuhr werden die bestehenden Atomhüllen aufgebrochen. Die entstehenden Teilchen und Strahlungen bilden das Plasma. Dieser Zustand wird auch als der vierte Aggregatzustand bezeichnet.

Am häufigsten sind Niederdruckplasmen in Verwendung. Die Plasmabestandteile wirken chemisch und mechanisch auf die Werkstoffoberfläche. Plasma besteht aus folgenden Komponenten [7]:

- Neutralteilchen: Sie übertragen kinetische Stoßenergie beim Auftreffen auf die Oberfläche. Dadurch erwärmt sich die Werkstoffoberfläche und chemische Reaktionen können eingeleitet werden.
- Elektronen: Sie führen zur Desorption/Abspaltung/Depolymerisation von unpolaren Molekülen und Molekülteilen in Kombination mit dem Einbau bzw. der Anlagerung von funktionellen und Polaren Gruppen.
- Positiv geladene Ionen: Beim Beschuss der Oberfläche mit positiv geladenen Ionen können chemische Reaktionen stark beschleunigt werden. Weist die Werkstoffoberfläche ein negatives Potential auf, werden die Ionen durch dieses Potentialgefälle noch stärker beschleunigt und können sogar Atome oder Molekülteile aus der Oberfläche herausschlagen. Dieser Vorgang wird „Sputtern" genannt.
- Radikale: Sie können an der Oberfläche rekombinieren und so können Bindungsenergien von mehreren eV freigesetzt werden. Es werden aber auch Kombinationen an Radikalstellen des Werkstoffes beobachtet.
- UV-Strahlung: Sie führt zur Bildung von Radikalstellen und bewirkt bei Polymeren Oberflächenbenetzungen.

Der Oberflächenaktivierungsvorgang mittels Niederdruckplasma funktioniert folgendermaßen: Der Werkstoff wird in eine luftdichte Kammer gelegt. Mit einer Pumpe wird Luft abgesaugt, so dass Niederdruck entsteht. Es wird nun ein Strom aus Prozessgas in die Kammer eingeleitet und gleichzeitig abgesaugt, um sicherzustellen, dass die Gasmenge in der Kammer über die Zeit konstant ist. Die in der Kammer vorhandenen Elektroden ionisieren das Gas und erzeugen ein Plasma, das auf den Werkstoff wirkt.

Das Behandlungsergebnis hängt von Parametern wie der Quellenleistung, dem Prozessgas(-gemisch), dem Kammerdruck, der Gasdurchflussmenge und der Behandlungszeit ab.

2.7.1.2. UV-Vorbehandlung

Ultraviolette Strahlung ist eine elektromagnetische Strahlung, für das menschliche Auge unsichtbar ist. Der UV-Bereich des Strahlenspektrums liegt ungefähr zwischen 100 und 400 nm. Je kürzer die Wellenlänge, desto energiereicher ist die Strahlung. Unterhalb von ca. 200nm kann die Energie eines Lichtquants bereits Elektronen aus Atomen herauslösen. Bei dieser Ionisierung entstehen wie bei der Plasmabehandlung negativ geladene Elektronen und positiv geladene Ionen. UV-Strahlung bricht Kohlenstoffketten im Kunststoff auf. Dadurch wird die Werkstoffo berfläche reaktionsfreudiger.

2.7.1.3. Lösungsmittel-Vorbehandlung

Die Oberfläche der Fügepartner wird durch ein Lösungsmittel aktiviert. Die Fügeteile werden kurz im Lösungsmittel getränkt und mit Druckluft abgetrocknet. Durch diese Vorbehandlung wird die oberste Polymerschicht angelöst, die anschließend im Thermobondingprozess als Klebstoff fungiert. Gebräuchliche Lösungsmittel sind beispielsweise Alkohole wie Isopropanol, Ethanol oder Aceton.

2.7.2. Laserstrahl-Transmissionsschweißen

Bei diesem Verfahren werden die Bauteile in die gewünschte Position gebracht und mit Anpressdruck fixiert. Einer der Fügeteile muss transparent sein, damit fokussiertes Laserlicht durch das Material bis zur Bondingebene vordringen kann. An der Grenzfläche werden die Laserstrahlen vom unteren absorbierenden Bondingteil in Wärmeenergie umgewandelt. Durch Wärmeleitung werden beide Teile über die

Glasübergangstemperatur erhitzt und aufgeschmolzen. Mit dem angebrachten Außendruck erzeugt dieser Vorgang eine starke Verbindung [8].

Ein Nachteil des Laserschweißens liegt in der zu ungenauen Fokussierbarkeit des Laserstrahls, was sich in großen Schweißnähten auswirkt.

2.7.3. Mikrowellenschweißen[2]

Mikrowellenschweißen ist ein relativ neues Verfahren zum Bonding von Kunststoffen. Hierbei wird Wärme direkt im Material erzeugt. Hochfrequente elektromagnetische Wechselfelder erzeugen Energie, die in Form von elektromagnetischer Strahlung abgegeben wird. Der Werkstoff wird aufgrund verschiedener physikalischer Effekte erwärmt: Reibung von schwingenden polaren Molekülen, elektrischer Materialwiderstand und Verschiebung freier Ladungsträger.

Beim Schweißen ohne Zusatzstoffe müssen die Fügepartner mikrowellenaktiv sein, also auf mindestens einen der oben genannten Effekte ansprechen. Die im Rahmen dieser Arbeit verwendeten Materialien sind aufgrund der Herstellungstechniken und der geforderten Anwendungseigenschaften nicht mikrowellenaktiv. Das Verfahren des Schweißens mit Zusatzwerkstoff wäre deshalb relevant. Hier wird zwischen die Fügeteile ein mikrowellenaktives Material eingebracht, das sich durch die Mikrowellenstrahlung erwärmt. Durch Wärmeleitung wird die Wärme in die Fügeteile übertragen.

2.7.4. Induktionsschweißen

Dieses Verfahren ist dem Mikrowellenschweißen ähnlich und funktioniert nach dem Prinzip der Induktionswärme. Hier bedient man sich eines Schweißhilfskörpers, der aus dem selben Thermoplast wie die Fügepartner besteht. Zusätzlich ist er mit ferromagnetischen Pulverpartikeln angereichert. Ein hochfrequentes Magnetfeld bewirkt die Erwärmung der Partikel durch Hysterese- und Wirbelstromverluste.

2.7.5. Transfer-Bonding

Hierbei wird eine UV-aushärtende Klebstoffschicht zwischen die Fügeteile eingebracht. Diese soll möglichst dünn sein, damit der Klebstofffilm nicht in die Mikrokanäle eingedrückt wird. Gleichzeitig soll die Schicht so dick sein, dass eine ausrei-

2 Die Abschnitte 2.7.3 und 2.7.4 folgen im Wesentlichen [9]

chend starke Verklebung stattfinden kann. Die Fügeteile werden mit Druck auf eine UV-durchlässige Unterlage gepresst. Eine UV-Quelle härtet das Adhäsiv aus.

Vorteile liegen in der Möglichkeit, unterschiedliche Materialien zu fügen sowie in der relativ kurzen Zykluszeit. Nachteilig ist die Einschränkung, dass mindestens ein Fügepartner UV-durchlässig sein muss. Außerdem muss beachtet werden, dass mit dem Adhäsiv ein weiterer Werkstoff ins System eingebracht wird, was unerwünschte Auswirkungen auf optische und chemische Analyseergebnisse haben könnte.

2.7.6. Druckempfindliches Transfer-Bonding

Zwischen die Fügeteile wird eine Spezialfolie eingelegt. Sie ist mit Kügelchen versetzt, welche mit Klebstoff gefüllt sind. Bei Anwendung von Druck bersten die Kügelchen und setzen den Klebstoff in der Bondingebene frei.

Vorteilhaft sind die Möglichkeit des Fügens unterschiedlicher Materialien und die extrem kurze Prozessdauer. Ein Nachteil ist die eventuelle Beeinflussung der Transparenz, was für optische Auswertungen ein Problem darstellen kann.

2.8. Wärmeübertragung[3]

Beim Thermobonding werden die Polymerfügeteile während des Verpressens mit Heizelementen auf eine für die Verarbeitung optimale Temperatur erwärmt. Aus diesem Grund werden hier die Prinzipien des Wärmetransports beschrieben. Wärmeübertragung kann definiert werden als „Transfer der Energieform Wärme aufgrund einer Temperaturdifferenz“. In der Literatur findet man oft drei verschiedene Arten der Wärmeübertragung: Wärmeleitung, Konvektion und Wärmestrahlung.

Die *Wärmeleitung* funktioniert nach dem selben Mechanismus wie die *Konvektion*: Sie entsteht in Stoffen, wenn in ihnen ein Temperaturgradient vorhanden ist. Die Wärmeleitung beschreibt den Wärmetransport in festen Stoffen bzw. zwischen sich berührenden Festkörpern. Unter der Konvektion versteht man den Wärmeaustausch in einem Fluid bzw. zwischen Festkörper und Fluid. Die Trennung in Wärmeleitung und Konvektion geschieht aufgrund unterschiedlicher Berechnungsmethoden.

3 Die ersten vier Absätze folgen im Wesentlichen [10]. Für den Rest des Kapitels Wärmeübertragung bietet [11] die Grundlage.

Die *Wärmestrahlung* funktioniert ohne stoffliche Träger. Hier wird Wärme durch elektromagnetische Wellen von einer Oberfläche zur anderen übertragen.

Zur Lösung von Problemstellungen in der Thermodynamik ist die Kenntnis einiger Grundgesetze wichtig. Zu diesen zählen unter anderem die Hauptsätze der Thermodynamik sowie das Fouriersche Gesetz der Wärmeleitung.

2.8.1. Erster Hauptsatz der Thermodynamik

Die innere Energie eines Systems kann sich nur durch Transport von Wärme über die Systemgrenzen hinweg ändern.

Der erste Hauptsatz der Wärmelehre ist im Grunde eine Form des Energieerhaltungssatzes. Wärme ist eine Form von Energie.

2.8.1.1. Anwendung im geschlossenen transienten System

In einem *geschlossenen* System findet nur Austausch von Energie, nicht aber von Materie, mit der Umgebung statt (z.B. ein geschlossener Druckkochtopf). Im offenen System wird auch Materie mit der Umgebung ausgetauscht (z.B. tauscht ein offener Kochtopf außer Wärme auch Wasserdampf mit der Umgebung aus).

In einem *transienten* System verändern sich die Temperaturen zeitlich. Im Gegensatz zum stationären System herrscht kein eingeschwungener Zustand.

Um das Energiegleichgewicht im geschlossenen transienten System aufzustellen, bedienen wir uns folgender Herleitung:

Wir betrachten ein inkompressibles System mit dem Volumen V und der Dichte ρ. Das System leistet keine Arbeit, also kann es als Festkörper angenommen werden. Diesem System wird von außen Wärme mit einer Rate von $\dot{Q}$ [Watt] zugeführt. Im System selbst kann Wärme mit der Rate $\dot{Q}_V$ generiert werden (z.B. elektrischer Strom oder Kernfusion).

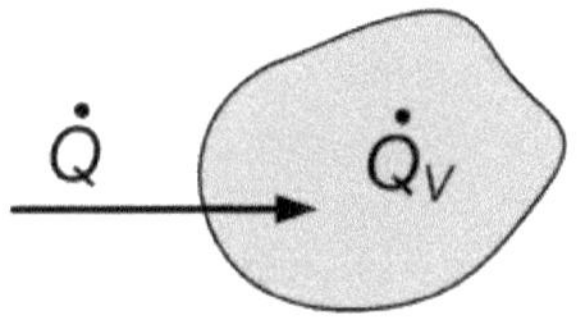

Abbildung 6: Wärmezufuhr

Aus der klassischen Thermodynamik ist die Änderung der inneren Energie *ΔU* eines Systems wie folgt definiert:

$$\Delta U = m \cdot c \cdot \Delta T \quad (1)$$

Hier entspricht *m* der konstanten Masse des Materials, *c* der materialspezifischen Wärmekapazität und *ΔT* der Temperaturänderung. In unserem Beispielsystem herrscht im Zeitintervall *Δt* folgendes Energiegleichgewicht:

$$\Delta U = \dot{Q} \cdot \Delta t + \dot{Q}_V \cdot \Delta t \quad (2)$$

Lässt man *Δt* gegen Null gehen, bekommt man die infinitesimale Änderung der inneren Energie pro Zeit:

$$\frac{dU}{dt} = \dot{Q} + \dot{Q}_V \quad (3)$$

Mit der Annahme, dass die Masse m konstant ist, kann man sie durch das Produkt aus Dichte und Volumen ersetzen.

$$m = \rho \cdot V \quad (4)$$

Als nächster Schritt wird die sogenannte spezifische Energie *du* [J/kg] eingeführt, welche die Änderung der inneren Energie pro Masse darstellt. In Kombination mit (4) ergibt sich:

$$dU = \rho \cdot V \cdot du \quad (5)$$

Durch Einsetzen in (1) erhält man:

$$du = c \cdot dT \text{ (6)}$$

Setzt man (5) und (6) in (3) ein, so erhält man das Energiegleichgewicht im geschlossenen transienten System:

$$\rho \cdot V \cdot c \cdot \frac{dT}{dt} = \dot{Q} + \dot{Q}_V \text{ (7)}$$

2.8.2. Zweiter Hauptsatz der Thermodynamik

Der zweite Hauptsatz schränkt den ersten Hauptsatz hinsichtlich der Behauptung ein, dass die physikalischen Begriffe Arbeit und Wärme gleichwertig seien. Der zweite Hauptsatz kann auf viele Arten formuliert werden, unter anderem wie folgt:

Wenn zwei Objekte mit den Temperaturen T_1 und T_2 verbunden werden ($T_1 > T_2$), dann fließt auf spontane, irreversible Art in einer Richtung Wärme von Objekt 1 zu Objekt 2. Mit diesem Wärmestrom ist eine Entropiezunahme *dS* verbunden.

Die Entropie ist ein Maß für die Reversibilität eines Prozesses. Nimmt die Entropie eines Systems zu, so charakterisiert dies einen nicht umkehrbaren Prozess.

2.8.3. Fouriersches Gesetz der Wärmeleitung

Zur Veranschaulichung des Fourierschen Wärmeleitungsgesetzes dient ein Beispiel, das in folgender Abbildung dargestellt wird.

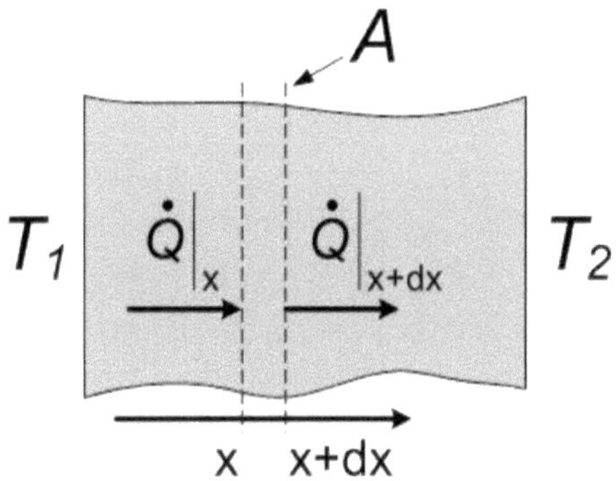

Abbildung 7: Wärmestrom in eindimensionaler Richtung in einem Festkörper

Die an der linken Seite des Festkörpers anliegende Temperatur T1 ist höher als die auf der rechten Seite (T2). Aus diesem Grund fließt ein Wärmestrom oder eine Wärmeleistung $\dot{Q}$ [W] von T1 zu T2. Setzt man diesen Wärmestrom in Bezug zur Querschnittsfläche *A*, die er durchfließt, erhält man die Wärmestromdichte *q* [W/m²].

$$\frac{\dot{Q}}{A}=q$$

Je steiler das Temperaturgefälle ausfällt, desto schneller fließt Wärme von T1 zu T2 bzw. desto größer ist die Wärmestromdichte *q*. Die Konstante *k* wird als materialabhängiger Proportionalitätsfaktor eingeführt. So ergibt sich folgender Zusammenhang:

$$q=-k\cdot\frac{dT}{dx}$$

3. Experimentelles

3.1. Die Problemstellung

Das Projekt, das die anfängliche Grundlage dieser Arbeit bot, hatte den Zusammenbau eines Lab-on-a-Chip mit medizinischem Anwendungszweck als Ziel. Im Prinzip soll der Chip die optische Analyse von Zellflüssigkeiten ermöglichen. Diese Technik wird auch Flow Cytometry (Zellflussmessung) genannt. Dafür ist ein Polymerchip mit Mikrokanälen versehen. Durch das Design besagter Strukturen soll die eingespritzte Flüssigkeit so weit verjüngt bzw. fokussiert werden, dass ein Diagnoselaser einzelne Zellen des Fluids optisch abmessen und zählen kann.

Es ist schwierig, die für die Zellflussmessgeräte nötigen Kanaldurchmesser mit normalen Herstellungsprozessen zu fabrizieren, weil der Durchmesser in der Größe von wenigen Mikrometern sein soll und die Tunnellänge mehrere Millimeter betragen soll. Um dieses Problem zu lösen, bedient man sich einer Methode, die Hydrodynamic Focusing genannt wird. Hierzu wird ein Hüllstrom durch einen relativ großen Kanal mit mehreren hundert Mikrometern Durchmesser gepumpt. Das zu analysierende Probenfluid wird nun in die Mitte des Hüllstroms injiziert. Durch die Effekte der Mikrofluidik vermischen sich die beiden Fluide nicht, sondern bilden einen stabilen mehrschichtigen Fluss, wobei der Hüllstrom das Probenfluid in einem stetigen, laminaren Strom umgibt und seinen Durchmesser (abhängig von der Flussgeschwindigkeit mehr oder weniger) komprimiert (siehe Kapitel 2.3.1. Strömungsformen).

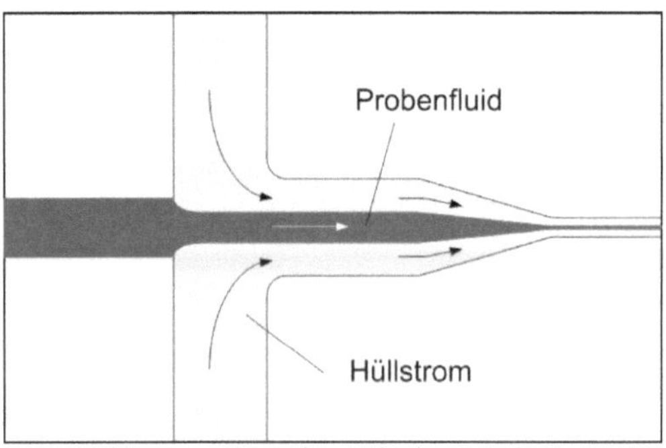

Abbildung 8: Prinzip des Hydrodynamic Focusing

Der Durchmesser des Probenfluids kann weiter verkleinert werden, indem man den Durchflusskanal nach Injektion des Probenfluids trichterförmig verjüngt.

Damit die Analysegeräte den Probenfluidstrom exakt erfassen können, dürfen die Mikrostrukturen keine Verformungen erleiden. Daraus entstand das Ziel dieser Arbeit, mithilfe von Vorbehandlung der Polymerplättchen das Thermobondingverfahren hinsichtlich möglichst geringer Geometrieverformungen zu optimieren.

3.2. Bondingpresse

In dieser Arbeit wird u.a. auf Erkenntnisse zurückgegriffen, die im Labor mit einer manuell gebauten Versuchsvorrichtung gewonnen wurden. Dadurch konnte direkt an das erarbeitete Wissen bezüglich des Bondingaufbaus sowie der Arbeitsbereiche der Verfahrensparameter angeknüpft werden. Folgende Pressenparameter sind kritisch für ein optimales Bondingergebnis [2]:

- Homogene Kraftverteilung über die Bondingfläche
- Gleichmäßige Krafteinleitung über die Zeit
- Örtlich homogene und zeitlich stabile Temperatur
- Genau einstellbare Bondingzeit

Um oben genannte Anforderungen erfüllen zu können, wurde eine elektrisch angetriebene Spindelpresse nach industriellem Standard implementiert, welche über eine integrierte Anlagenregelung für die Krafteinleitung und die Bondingzeit verfügt. Der Testaufbau weist eine hohe Genauigkeit auf: Die Position des Stößels kann mit einer kleinstmöglichen Schrittweite von 6µm sehr präzise geändert werden. Die Presskraft ist mit kleinstmöglichen Intervallen von 10 Newton einstellbar.

Am Ende des Stößels kann ein für den jeweiligen Anwendungszweck optimales Presswerkzeug montiert werden. Es wurde ein Werkzeug konstruiert, das die Presskraft möglichst homogen auf das Format der Fügeteile übertragen soll. Für die Bondingtests wurden Substrate in standardisierter Mikroskopier-Objektträger-Größe verwendet (1 mal 3 Zoll, entspricht etwa 25 mal 75 mm; die Dicke beträgt 1mm). Die Pressflächen des Werkzeugs sind in jeder Richtung um einige Millimeter größer, damit das Substrat voll aufliegen kann. Die beiden Teile des Tools sind durch Wegführungszylinder miteinander verbunden. Zusätzlich sind Heizelemente integriert, um die obere und untere Pressplatte auf die benötigte Bondingtemperatur zu erwärmen.

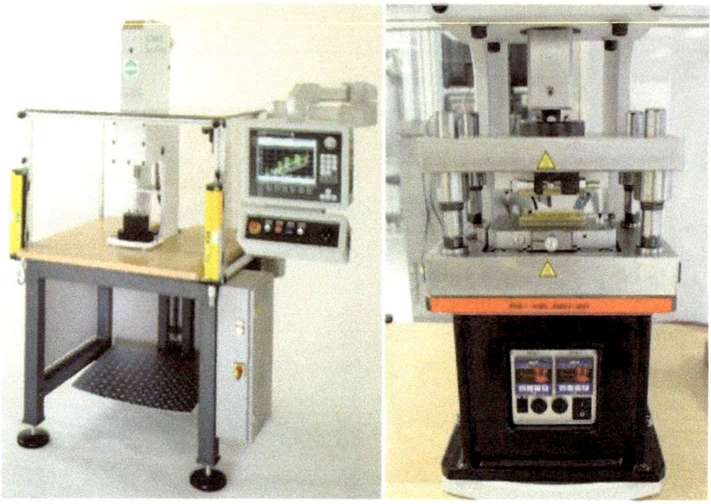

Abbildung 9: Bondingpresse (links) [12]; Presswerkzeug und Temperatursteuerung

3.2.1. Kontrolle der Prozessparameter

Vor Beginn der Bondingtests wurde überprüft, ob der Versuchsaufbau die Anforderungen hinsichtlich Krafteinleitung, -verteilung, Temperaturregelung sowie Zeitkontrolle zufriedenstellend erfüllt.

3.2.1.1. Kraftverteilung

Um festzustellen, ob die Druckplatten (oder „Spiegel") die Presskraft gleichmäßig übertragen, wurde die Oberflächen-Ebenheit der zwei Spiegel mit einem sogenannten Profilometer vermessen. Dieses Gerät ermöglicht eine dreidimensionale Topographiemessung einer Oberfläche. Die Oberflächen sind konkav verformt und weisen eine maximale Durchbiegung von 26µm auf. Für Mikrostrukturen, die in manchen Fällen einer Verformungstoleranz von wenigen Mikrometern gerecht werden müssen, ist dieser Wert zu hoch. Es wurden neue Spiegel bestellt. Zusätzlich verringert sich die Durchbiegung, wenn die Spiegel im Werkzeug eingespannt sind. So konnte die maximale Abweichung um 85% auf 4µm gesenkt werden.

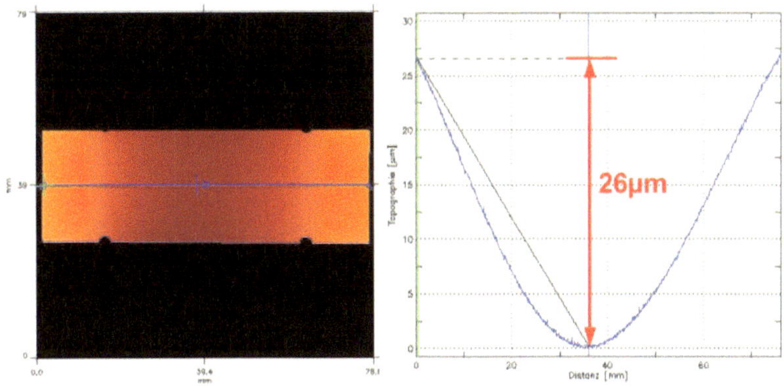

Abbildung 10: Ebenheitsmessung der Oberfläche einer Pressplatte

Mittels einer druckempfindlichen Folie wurde ein Abdruck des Kraftprofils in der Bondingebene gemacht. Dies zeigte eine ungleichmäßige sowie asymmetrische Verteilung. Durch im Werkzeug eingebaute Stellschrauben konnte die Asymmetrie minimiert werden.

Um eine homogene Druckverteilung zu erzielen, wurde folgende Methode erprobt: Zwischen Spiegel und zu fügendem Werkstoff wurde eine Druckausgleichsschicht aus weichem Material eingelegt. Dies bewirkte eine gleichmäßige Verteilung über die Bondingfläche, jedoch war die Oberfläche zu rau für ein optisch akzeptables Bondingergebnis. Also wurde der Aufbau um eine Schicht erweitert: Auf eine Eisenfolie wurde ein Schicht Metall mit einer Oberflächenebenheit im Nanometerbereich aufgesputtert (siehe Kapitel 2.7.1.1. Plasma-Vorbehandlung), um eine möglichst ebene Oberfläche zu erzeugen. Nach Einlage dieser Folie und der Druckausgleichsschicht in den Bonding-Aufbau war die Pressoberfläche ausreichend glatt. Nachteilig ist die erschwerte Handhabung, da diese Sandwich-Konstruktion vor jedem Bondingtest wieder neu aufgebaut werden muss.

Eine weitere Möglichkeit, den Bondingdruck auszugleichen, besteht in der Unterschiebung von dünnen Beilag-Metallfolien unter die Kanten der Bondingspiegel. Dies beeinflusst die Durchbiegung der Bondingspiegel während des Verpressens. Durch empirisches Trial-and-Error konnte eine relativ gute Druckverteilung erzielt werden.

Anzumerken ist, dass bei dieser Methode der Ausgleichseffekt durch oftmalige Benutzung schwächer wird.

Abbildung 11: Druckverteilung vor (1) und nach (2) der Kalibrierung

3.2.1.2. Krafteinleitung

Die Höhe des Anpressdrucks kann in der Anlagensteuerung eingestellt werden. Ein Regler führt die Kraft auf den gewünschten Wert und hält sie während der Bondingzeit konstant. Auf einem Bildschirm kann der Kraftverlauf über die Zeit mithilfe eines Diagramms kontrolliert werden. Bei einer Anpresskraft von 10kN wurden maximale Abweichungen von 0,02kN (entspricht 0,2%) beobachtet.

3.2.1.3. Temperatureinleitung

Die Bondingspiegel werden durch eine externe Heizregelung auf die gewünschte Temperatur gebracht. Die Temperatur ist bis auf ein Grad genau einstellbar. Wärmesensoren sind an beiden Spiegeln angebracht und erlauben das genaue Regeln der Temperatur. Tests im eingeschwungenen Zustand zeigten Schwankungen von bis zu zwei Grad um den eingestellten Wert.

Für die Entwicklung eines serienproduktionstauglichen Bondingprozesses ist es wichtig zu wissen, wie schnell die benötigte Temperatur vom Werkzeug in die Bondingebene übertragen wird. Dafür wurde ein Wärmesensor in ein Substrat, das aus einem der getesteten Materialien besteht, eingebaut. Der Sensor ist in Höhenrichtung mittig im Werkstoff positioniert, so dass die Wärme des oberen und unteren Spiegels mit gleicher Gewichtung wirken kann. Es wurden verschiedene Substratdicken getestet, deren Temperaturverläufe unten stehender Abbildung entnommen werden können.

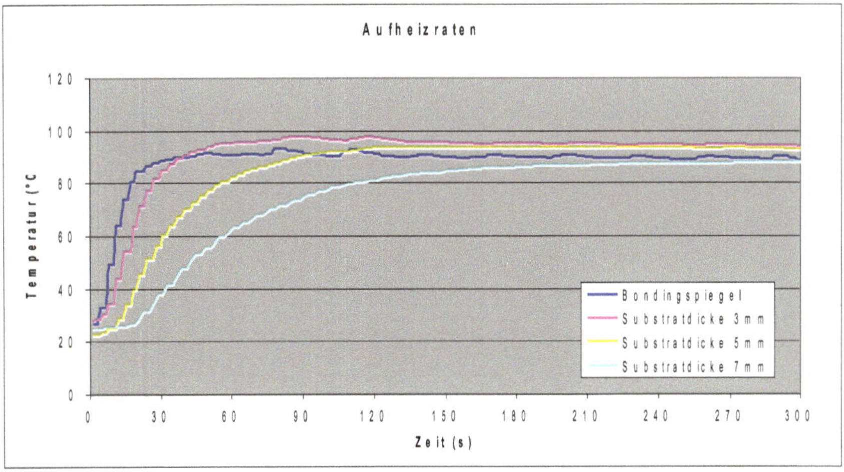

Abbildung 12: Aufheizgeschwindigkeiten verschiedener Substratdicken

Nach den Prinzipien der Wärmeleitung wärmt sich das Substrat langsamer auf als der Bondingspiegel, weil die Wärme erst in das Material übergehen muss. Bei steigender Substratdicke sind längere Erwärmungszeiten notwendig, um den Werkstoff auf die gewünschte Temperatur zu bringen. Da in dieser Arbeit Substrate mit 1mm Dicke gebondet werden (ergibt insgesamt 2mm Materialdicke), ist eine Vorwärmzeit von einer Minute ein sicherer Richtwert.

3.2.1.4. Zeitkontrolle

Die Verpresszeit lässt sich mithilfe der Benutzeroberfläche der Anlagenregelung sekundengenau festlegen. Die eingestellte Zeitspanne beginnt abzulaufen, sobald das Presswerkzeug die Endposition erreicht hat und die vorgegebene Kraft eingeregelt ist.

3.3. Plasmaanlage

Für die Vorbehandlung der Substrate mit Plasma wurde ein Niederdruck-Plasmagenerator verwendet. Der Druck in der Behandlungskammer wird auf etwa 0,2 bis 0,3 bar (Herstellerempfehlung) abgesenkt. Es sind Anschlüsse für die Einleitung von zwei Prozessgasen vorhanden. Im Labor sind die Gase Sauerstoff, Argon und Stickstoff vorhanden. Versuche wurden mit allen drei Gasen durchgeführt. Der Aufbau eines Verteilers erweitert die Anschlussmöglichkeit auf drei Gase, um ein Umstecken der Zuflussschläuche bei Gaswechsel zu vermeiden. Die elektrische Leistung der Plasmaquelle ist von 0 bis 1000W stufenlos einstellbar. Erste Versuche haben ergeben, dass eine Mindestleistung von etwa 15% erforderlich ist, um den Ionisierungsvorgang der Prozessgase zu starten und durchzuführen.

Abbildung 13: Plasmaanlage [13]

3.4. Testablauf

Im Zuge dieser Arbeit wurden fünf Materialien getestet. Die Substrate haben die Größe von Standard-Objektträgern für Mikroskopanalysen (25x75mm bei einer Dicke von 1mm). Als erster Schritt wurden nicht vorbehandelte Samples gebondet. Die Prozesstemperatur für den Beginn der Versuchsreihen wurde nahe der Glasübergangstemperatur der jeweiligen Materialien gewählt. Durch Erfahrungswerte voriger Tests konnte ein grober Arbeitsbereich für Verpresszeit und Bondingdruck festgelegt werden. Es wurde versucht, die Temperatur so weit wie möglich zu senken. Bei der kleinstmöglichen Temperatur wurde mit dem Absenken der Bondingzeit begonnen. Für den Anpressdruck wurden ebenfalls optimale Arbeitspunkte gesucht. Anschließend wurden die Vorbehandlungsmethoden evaluiert. Hier mussten zuerst Arbeitspunkte für die Behandlungsparameter gefunden werden. Mit den besten Ergebnissen wurden Bondingtests durchgeführt und die Bondingparameter wieder optimiert.

Die verwendeten Materialien und ihre zugehörigen Erweichungstemperaturen können folgender Tabelle entnommen werden.

Material	T_G
COC 1	ca. 100°C
COC 2	ca. 130°C
COC 3	ca. 80°C
PC	ca. 140°C
PMMA	ca. 115°C

Tabelle 1: Glasübergangstemperaturen

Bondingsamples wurden nach folgenden Gesichtspunkten bewertet:

Bondingebene: Hier wird kontrolliert, inwieweit sichtbare Defekte (ungebondete Bereiche) in der Verbindungsfläche auftreten. Die Bewertung erfolgt nach dieser Skala:

0 ... wenig bis gar nicht gebondet
1 ... größere ungebondete Bereiche
2 ... kleine ungebondete Bereiche
3 ... komplett gebondet

Form: Für die Grobbewertung der Chipverformung wird die Veränderung der Chipbreite mit einer Mikrometerschraube gemessen. Nominal ist der Chip etwa 25mm breit.

0 ... mehr als 300µm Veränderung
1 ... 200 bis 300µm
2 ... 100 bis 200µm
3 ... weniger als 100µm

Zugkraft: Um die Verbindungsstärke zu bewerten, wird ein Kraftmessaufbau verwendet. Das gebondete Sample wird an seiner Grundfläche mit Doppelklebeband auf einen Sockel befestigt. An der Deckfläche wird ein zweiter Sockel angeklebt, an dem ein Haken befestigt ist. Durch eine Spindel kann manuell Kraft in Normalenrichtung zur Bondingebene aufgebracht werden. Eine integrierte Kraftmessdose mit visueller Ausgabe zeigt die maximale aufgebrachte Kraft bei Bruch des Materials an. Es wurde festgelegt, dass Substratverbindungen eine Bruchkraft von 15 N/cm² nicht unterschreiten sollen. Bei den Ergebnissen wurde aufgrund von Schwankungen der Reproduzierbarkeit auf 5 N/cm² gerundet.

4. Ergebnisse

Die Bondingtests bestätigten, dass höhere Temperaturen eine stärkere Verbindung der Substrate bewirkt. Die Temperatur hat großen Einfluss auf die Bondingqualität. Stärkerer Druck und längere Verpresszeit wirken sich ebenfalls in höherer Bindekraft aus. Es wurde festgestellt, dass die Erhöhung von Druck sowie Verpresszeit nicht so großen Einfluss auf die Bondingkraft wie Temperaturerhöhung hat. Dies ist insofern kritisch, weil die Mikrogeometrien hauptsächlich durch hohe Temperaturen deformiert werden, und das eigentliche Ziel die Senkung der Temperatur ist.

4.1. Unbehandelte Substrate

Die Werte für den Bondingdruck und die Verpresszeit wurden von bereits durchgeführten Versuchen übernommen. Beim Material PMMA wurde zum Beispiel eine Temperatur von 95°C als Startpunkt für die Testreihen mit den Vorbehandlungsmethoden ermittelt.

Temperatur (°C)	Bond	Form	Zugkraft (N/cm²)
120	3	0	
115	3	0	
110	3	0	>20
105	3	1	>20
100	3	1	15
95	3	2	10
90	1	2	0

Tabelle 2: Getestete Temperaturen beim Material PMMA. Druck 10kN; Verpresszeit 5min

Folgende Tabelle zeigt die ermittelten Bondingtemperaturen für alle Materialien. Sie werden als Referenz für die Ergebnisse der Vorbehandlungsmethoden verwendet.

Material	Temperatur (°C)	Bond	Form	Zugkraft (N/cm²)
COC 1	85	3	2	30
COC 2	110	3	2	20
COC 3	70	3	3	20
PC	120	3	2	20
PMMA	95	3	2	10

Tabelle 3: Ermittelte Temperaturen für alle getesteten Werkstoffe bei akzeptabler Bondingqualität und Form

Abbildung 14: Kanalquerschnittsaufnahmen: Ungebondetes Substrat (1), gebondete Kanäle mit leichter (2) und starker (3) Geometriedeformation

4.2. Einfluss der Vorbehandlungsmethoden

4.2.1. Lösungsmittel-Vorbehandlung

Die Substrate wurden einige Minuten in ein Lösungsmittel gelegt und anschließend mit Druckluft getrocknet. Generell hatte die Lösungsmittelbehandlung einen positiven Einfluss auf die Bondingqualität und Kraft. Die Temperatur konnte jedoch nicht bei allen Materialien reduziert werden.

Beim Material COC 1 konnte die Bondingtemperatur um 20° gesenkt werden. Das Substrat erleidet bei diesem Wert weniger Deformation bei gleichbleibender Bondingqualität. Beim Material COC 2 war es möglich, die Temperatur um 15° zu reduzieren.

Material COC 3 war nicht so empfänglich für die Lösungsmittelbehandlung wie die anderen getesteten Werkstoffe. Die Temperatur konnte nur um 5° gesenkt werden. Die Bondingkraft konnte durch die Behandlung jedoch erhöht werden.

Temperatur (°C)	Bond	Form	Zugkraft (N/cm²)
70	3	3	25
65	3	3	25
60	1	3	<10

Tabelle 4: Temperaturreduzierung bei COC 3

Bei Polycarbonatsubstraten konnte die Temperatur nicht gesenkt werden (blieb bei 120°C), die Verbindungskraft stieg aber um 10 N/cm².

Temperatur (°C)	Bond	Form	Zugkraft (N/cm²)
120	2	3	30
110	1	3	20
90	1	3	15

Tabelle 5: Temperaturreduzierung bei PC

4.2.2. UV-Vorbehandlung

Substrate wurden einer zehnminütigen Bestrahlung mit einer UV-Quelle ausgesetzt. Bei Substraten aus COC 1 und COC 2 konnte ein positiver Einfluss auf das Bondingergebnis festgestellt werden. Die Wirkung ist jedoch viel geringer als die der Lösungsmittelbehandlung. Zusätzlich verfärben sich die Materialien bei langer UV-Einwirkung ins Blaue. Dies kann ein Problem für optische Analysemethoden darstellen, bei denen eine möglichst hohe Substrattransparenz erforderlich ist.

Erste Tests bei COC 3 zeigten, dass UV-Behandlung die Bondingqualität dramatisch verschlechtert. Die Substrate bekommen einen leichten Gelbstich, die Verfärbung nimmt aber geringere Ausmaße als bei den Materialien COC 1 und 2 an.

Vorbehandlung	Bond	Form	Zugkraft (N/cm²)
Unbehandelt	3	3	20
Lösungsmittel	3	3	25
UV-Bestrahlung	0	3	0

Tabelle 6: Vergleich der Bondingqualität von unbehandelten, lösungsmittel- und UV-behandelten Chips beim Material COC 3

Die UV-Behandlung bewirkte bei Polycarbonatsubstraten eine Verbesserung, welche im Vergleich zur Lösungsmittelbehandlung relativ gering ausfällt. Hier werden die Chips durch längere Bestrahlung ebenfalls leicht ins Gelbliche verfärbt.

4.2.3. Plasma-Vorbehandlung

Erste Tests zeigten, dass die Plasmaaktivierung der Substrate viel versprechende Ergebnisse liefert. Dieser Behandlungsmethode wurde die meiste Aufmerksamkeit geschenkt. Mit den drei Prozessgasen Sauerstoff, Argon und Stickstoff wurden Tests durchgeführt. Die Leistung und die Behandlungszeit wurden variiert, um eine Eingrenzung der Behandlungsparameter zu erhalten. Für die ersten Plasmatests wurde das Material COC 2 verwendet. Unbehandelte Substrate lassen sich mit 110°C gut bonden. Durch Lösungsmittelbehandlung können mit 95°C gute Ergebnisse erzielt werden. Dieser Wert wurde bei folgenden Tests übernommen, um zu testen, ob die Plasmavorbehandlung bessere Bondingqualität als die Lösungsmittel bewirkt. Anschließend wurde am Material PMMA eine Optimierung der Bondingparameter vorgenommen.

4.2.3.1. Sauerstoff

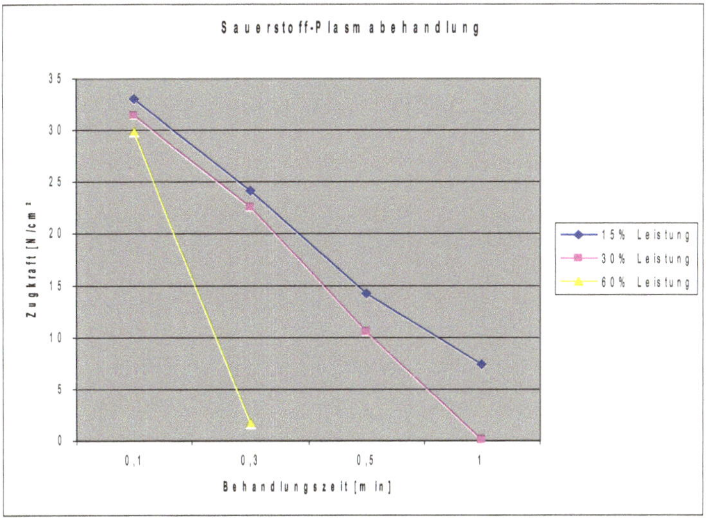

Abbildung 15: Sauerstoffplasma: Zugkraft abhängig von Behandlungszeit und Leistung bei COC 2

Die Bondingkraft steigt deutlich durch Sauerstoffbehandlung. Bei COC 2 konnte sie von 20 auf über 30 N/cm² erhöht werden. Es ist ersichtlich, dass die Bondingkraft bei längerer Behandlungszeit schwächer wird. Durch zu intensive Behandlung werden die Substrate überbehandelt. Die elektrische Leistung konnte nicht unter 15% gesenkt werden, weil das Prozessgas erst bei diesem Wert zündet. Längere Behandlung mit Sauerstoffplasma (20 Minuten bei 50% Leistung) bewirkt bei eine fast unmerkliche Vergilbung des Substrates. Dies stellt jedoch kein Problem dar, weil die Plasmabehandlung ohnehin nur von geringer Intensität sein darf.

4.2.3.2. Stickstoff

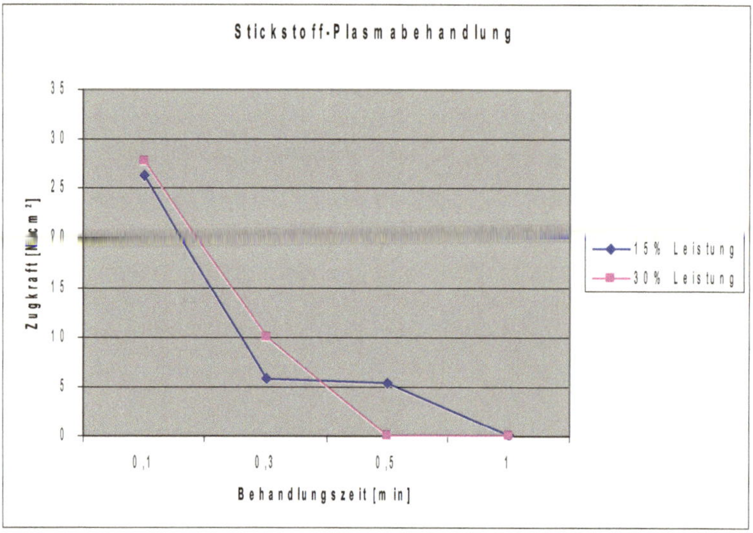

Abbildung 16: Stickstoffplasma: Zugkraft abhängig von Behandlungszeit und Leistung bei COC 2

Stickstoff verbessert die Bondingqualität. Der Effekt ist geringer als bei Sauerstoff. Hier kann ebenfalls ein Abfall der Bondingkraft bei steigender Behandlungszeit beobachtet werden. Längere Behandlung mit Stickstoff hat keinen Einfluss auf die Transparenz.

4.2.3.3. Argon

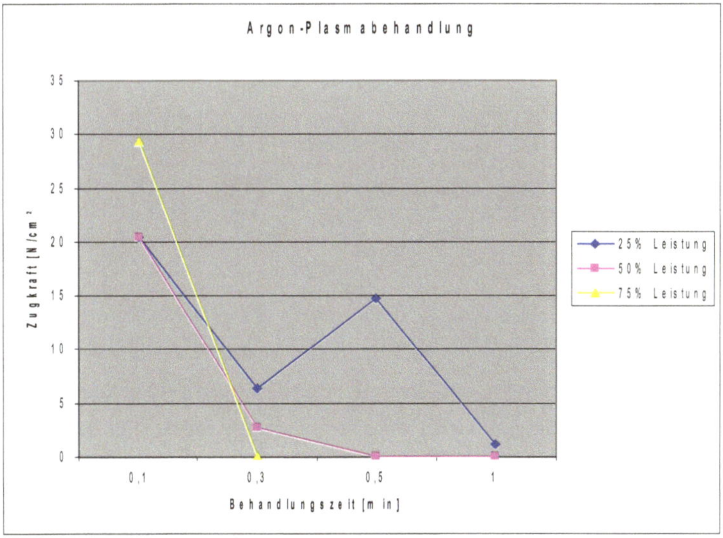

Abbildung 17: Argonplasma: Zugkraft abhängig von Behandlungszeit und Leistung bei COC 2

Mit Argon lassen sich nicht so gute Resultate erzielen wie mit Sauerstoff. Zusätzlich verhalten sich die Bondingkraftverläufe etwas anders: Bei höherer Behandlungszeit sinkt die Kraft, es sind jedoch Unregelmäßigkeiten zu beobachten. Außerdem fällt auf, dass die Bondingkraft bei höchster Leistung am größten ist.

Die Ionisierung von Argon beginnt erst bei einer elektrischen Leistung von 25%. Bei längerer Behandlung mit Argon vergilbt das Substrat.

4.3. Bondingoptimierung am Beispiel PMMA

Aus den Zugkraftversuchen der Plasmabehandlung wurde für Tests am Material PMMA die besten ermittelten Parameter übernommen: Substrate wurden mit Sauerstoff für drei Sekunden bei 15% Leistung der Plasmaquelle oberflächenaktiviert. Mit dieser Einstellung wurde als erster Schritt der Bondingoptimierung versucht, die Fügetemperatur so weit wie möglich zu reduzieren. Der Bondingdruck wurde standardmäßig auf 10kN eingestellt und die Verpresszeit betrug 5 Minuten.

Temperatur (°C)	Bond	Zugkraft (N/cm²)
95	3	30
80	3	35
75	3	30
70	3	30
65	3	35
60	2	30
55	1	25

Tabelle 7: Temperaturreduzierung bei PMMA durch Sauerstoffplasmavorbehandlung

Bei oben stehender Auswertung ist anzumerken, dass die Substrate wegen eines Defekts des unteres Heizelements nur von oben temperiert wurden. Die Absolutwerte der Zugkraftmessungen sind also nicht repräsentativ, Abschätzungen bezüglich der Temperaturreduktion können trotzdem gemacht werden. Es zeigt sich, dass die Zugkraft bei allen getesteten Temperaturen in einer akzeptablen Höhe bleibt. Eine Einschränkung bildet hier die Qualität der Verbindung in der Fügefläche. Ab Temperaturen kleiner 65°C treten Defekte in der Bondingebene auf und nehmen bei weiterer Temperatursenkung stark zu. Es konnte also vorläufig eine Temperatur von 65°C für weitere Versuche ermittelt werden.

Nach Reparatur des unteren Heizelements wurden als nächster Schritt bei 65°C Versuchsreihen mit den Prozessgasen Sauerstoff und Stickstoff durchgeführt, um vergleichbare Zugkraftergebnisse zu erhalten und auch an diesem Material festzustellen, ob längere Plasma-Behandlungszeiten negative Einflüsse auf die Verbindungsstärke haben. Die PMMA-Chips wurden mit 15% Leistung behandelt. Versuche wurden mit 10kN Anpressdruck und 5 Minuten Verpresszeit durchgeführt. Folgende Abbildung zeigt einen Zugkraftvergleich von Sauerstoff- und Stickstoffbehandlung abhängig von Leistung und Zeit.

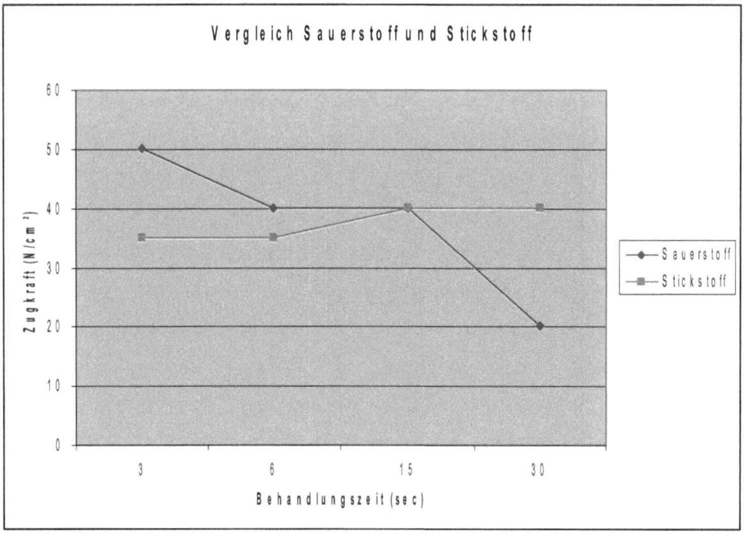

Abbildung 18: Zugkraftvergleich von Sauerstoff- und Stickstoffbehandlung

Bei Sauerstoff wirkt sich eine Behandlungszeit von drei Sekunden am besten auf die Fügeteile aus. Die Verbindungskraft kann auf mehr als 50 N/cm² erhöht werden. Bei stickstoffbehandelten PMMA-Substraten ergaben die Versuche wie erwartet eine schwächere Zugkraft als bei Sauerstoff. Die Bondingstärke nimmt jedoch mit steigender Behandlungszeit nicht ab, sondern bleibt zuerst konstant und springt bei Zeiten über fünfzehn Sekunden um etwa 5 N/cm².

Als ideale Vorbehandlungsparameter konnten eine dreisekündige Sauerstoffplasmaaktivierung bei 15% Leistung bestätigt werden. Mit diesen Einstellungen und der ermittelten Temperatur von 65°C wurde abschließend versucht, die Verpresszeit zu reduzieren. Ergebnisse zeigen, dass eine Reduktion auf zwei Minuten problemlos möglich ist. Die Bondingkraft bleibt auch hier über 50 N/cm².

Verpresszeit (min)	**Zugkraft (N/cm²)**
5	55
3	50
2	50

Tabelle 8: Zeitreduzierung bei PMMA

5. Zusammenfassung

Ziel der Arbeit war die Weiterentwicklung des Thermobondingverfahrens durch Vorbehandlung der Fügeteile. Die nötige Bondingtemperatur sollte beträchtlich gesenkt werden, um Geometriedeformationen entgegen zu steuern. Für eine weitere Prozessentwicklung sollte eine geeignete Vorbehandlungsmethode gefunden werden.

Aufgrund von Vorkenntnissen beim Thermobonding, die in der Entwicklungsabteilung mit einer manuellen Thermobondingapparatur gewonnen wurden, konnten Startpunkte für die Bondingparameter festgelegt werden. Durch die Versuchsreihen wurde bestätigt, dass höhere Temperaturen stärkere Bondingkräfte bewirken. Gleichzeitig werden die Substrate zunehmend verformt. Zum Zweck der Temperatursenkung wurden drei Vorbehandlungsmethoden erprobt: Plasmaaktivierung, UV-Bestrahlung und Lösungsmittelbehandlung.

Von allen Behandlungsverfahren ermöglicht die Sauerstoff-Plasmabehandlung von Substraten das größte Potential für Optimierungen des Thermobonding-Prozesses. Hier wurde, verglichen mit den anderen Methoden, die größte Verbesserung der Bondingqualität beobachtet. Die besten Ergebnisse wurden bei der niedrigsten einstellbaren Intensität der Plasmaquellenleistung und bei kurzer Behandlungszeit erzielt. Bei höherer Intensität wird der Einfluss eines zweiten, gegenläufigen, Behandlungseffekts zu groß. Der Grund für die Überbehandlung konnte im Rahmen dieser Arbeit nicht isoliert werden. Am Beispiel des Werkstoffs PMMA konnte die Verpresszeit und Temperatur drastisch gesenkt werden. Gleichzeitig wurde die Bindekraft erhöht. Bei den ermittelten Temperaturwerten für die Materialien war keine Verformung der Substrate zu beobachten. Negativ zu bemerken ist, dass die Substrataußenränder nicht mehr vollständig gebondet werden, da im Herstellungsprozess der Chips Grate bzw. Erhebungen an den Substratkanten entstehen. Bei höheren Temperaturen schmelzen die Unebenheiten. Da die jetzt möglichen Temperaturen den Werkstoff nicht mehr derart verformen, bleiben die Grate und verhindern vollständiges Bonding.

Die Tränkung der Substrate in Lösungsmittel bewirkte Verbesserungen in der Bondingqualität; der Effekt fällt aber verglichen mit der Sauerstoffplasma-Aktivierung eher gering aus. Zusätzlich konnten die Bondingtemperaturen nicht bei allen Materialien gesenkt werden. Nachteilig ist, dass durch die Behandlung Rückstände des Lösungsmittels am Substrat bleiben. Durch das Bonding bildeten sich bei manchen Testergebnissen weiße Farbschleier in der Fügeebene.

Die UV-Bestrahlung hatte den geringsten positiven Effekt. Bei einem Material verschlechterte sich das Bondingergebnis sogar. Zusätzlich treten durch längere UV-Behandlung deutlich sichtbare Verfärbungen der Werkstoffe auf.

Zusammenfassend kann festgestellt werden, dass sich die Sauerstoff-Plasmaaktivierung der Polymerbauteile am besten eignet, um den Thermobondingprozess weiter zu entwickeln. Die Parameter bezüglich des Prozessgases, der Behandlungsdauer sowie der nötigen elektrischen Leistung konnten eingegrenzt werden.

6. Ausblick

Diese Abhandlung ist als ein Herantasten an mögliche Behandlungsmethoden für Polymersubstrate zu sehen. Die Modifikation der Substratoberflächen mit Sauerstoffplasma wird zur Einbindung in das Thermobonding-Verfahren empfohlen. Jedoch sind sowohl bei den Thermobondingparametern als auch bei den Einstellungen für die Plasmabehandlung genauere Versuche und Messreihen nötig, um die Bondingergebnisse weiter zu verbessern und den Gesamtprozess reproduzierbar zu gestalten. Bei der Plasmabehandlung hängen die Ergebnisse zusätzlich von Parametern wie der Lage der Substrate in der Kammer, der Durchflussmenge des Prozessgases und dem Kammerdruck ab.

Es wird ein weiteres Ziel, das Problem der ungebondeten Substratkanten zu lösen. Das Bonding ist daraufhin zu optimieren. Alternativ könnte das Herstellungsverfahren der Chips verfeinert werden.

Einige Verbesserungen der Bondingpresse sind bereits geplant: Die Temperatur wird in Zukunft über die Anlagensteuerung regelbar sein. Eine Aktualisierung der Software wird es ermöglichen, verschiedene Druckkraft- und Temperaturverläufe zu testen. Ein Beispiel: Die Fügeteile werden zuerst für eine gewisse Zeit kalt verpresst. Im zweiten Zeitabschnitt wird mit Druck und Hitze gebondet. Am Ende werden die verbundenen Substrate bei niedrigem Druck noch nachgewärmt.

Es ist außerdem empfehlenswert, weitere viel versprechende Fügeverfahren wie das druckaktivierte Transferbonding oder das Mikrowellenschweißen zu testen.

7. Anhang

7.1. Abbildungsverzeichnis

7.2. Tabellenverzeichnis

7.3. Literaturverzeichnis

[1]: O. Geschke, H. Klank, P. Tellermann, *Microsystem engineering of lab-on-a-chip devices*, 2. Aufl, WILEY-VCH, Weinheim, 2004

[2]: B. Korn, *Entwicklung eines Cover Bonding Prozesses in der Herstellung von mikrofluidischen Lab-on-a-chip Anwendungen auf Polymersubstraten*, Diplomarbeit, FH Linz, 2008

[3]: G. Habenicht, *Kleben*, 5. Auflage, Springer Verlag, Berlin, 2005

[4]: S. Wu, *Polymer Interface and Adhesion*, CRC Press, 1982

[5]: G. Ehrenstein, *Polymerwerkstoffe. Struktur – Eigenschaften – Anwendung*, 2. Aufl., Hanser Verlag, München, 1999

[6]: C. Tsao, *Low temperature bonding of PMMA and COC microfluidic substrates using UV/ozone surface treatment*, Lab Chip, 7: 499-505, The Royal Society of Chemistry, 2007

[7]: C. Mühlhan, *Plasmaaktivierung von Polyproplylenoberflächen zur Optimierung von Klebverbunden mit Cyanacrylat Klebstoffen im Hinblick auf die mechanischen Eigenschaften*, Dissertation, Universität Duisburg – Essen, 2002

[8]: C. Bonten, *Kunststofftechnik für Designer*, Hanser Verlag, München, 2003

[9]: H. Potente, *Fügen von Kunststoffen*, Hanser Verlag, München, 2004

[10]: P. von Böckh, *Wärmeübertragung*, 2. Aufl, Springer Verlag, Berlin, 2006

[11]: S. Kugler, *Wärmetransport*, FH-Skriptum zur Vorlesung Wärme- und Strömungslehre, Wiener Neustadt, 2008

[12]: Schmidt Technology GmbH, Maschinen-Katalog, 5. April 2009, http://www.schmidttechnology.de/de/maschinen/download/katalog.htm

[13]: Diener Electronic GmbH, Plasmaanlagen, http://www.plasma.de/de/plasmaanlagen/nano.html